BBC earth 博思星球

科普版

王朝

伟大的动物家族

DYNASTIES

THE GREATEST OF THEIR KIND

探秘狮子

[英] 丽莎·里根 / 文　张懿 / 译

科学普及出版社
·北　京·

北京市版权局著作权合同登记　图字：01-2022-6296

图书在版编目（CIP）数据

王朝：科普版．探秘狮子 /（英）丽莎·里根文；张懿译．-- 北京：科学普及出版社，2023.1
ISBN 978-7-110-10498-9

Ⅰ．①王… Ⅱ．①丽… ②张… Ⅲ．①狮-少儿读物
Ⅳ．① Q95-49

中国版本图书馆 CIP 数据核字（2022）第 167365 号

总 策 划：秦德继　　封面设计：张　茁
策划编辑：周少敏　李世梅　马跃华　　责任校对：张晓莉
责任编辑：李世梅　王一琳　郑珍宇　　责任印制：李晓霖
版式设计：金彩恒通

出版：科学普及出版社　　邮编：100081
发行：中国科学技术出版社有限公司发行部　　发行电话：010-62173865
地址：北京市海淀区中关村南大街 16 号　　传真：010-62173081
网址：http://www.cspbooks.com.cn

开本：787mm×1092mm　1/12
印张：13 ⅓　　字数：100 千字
版次：2023 年 1 月第 1 版　　印次：2023 年 1 月第 1 次印刷
印刷：北京世纪恒宇印刷有限公司

书号：ISBN 978-7-110-10498-9 / Q · 280　　定价：150.00 元（全 5 册）

（凡购买本社图书，如有缺页、倒页、脱页者，本社发行部负责调换）

目录

这是查姆

雌狮查姆是英国广播公司（British Broadcasting Corporation，BBC）《王朝》系列节目里的明星，节目组跟踪拍摄了它两年。查姆是非洲最著名的狮群——玛莎狮群的首领。玛莎狮群已经在肯尼亚的马赛马拉自然保护区生活好几代了。

基本概况

种：狮

亚种：现生 6 亚种

纲：哺乳纲

目：食肉目

保护现状：易危

野外寿命：14 ~ 15 年

分布：非洲中部、东部和南部，印度

栖息地：草地、热带稀树草原、开阔的林地

体长（不含尾巴）：

雄性 180 ~ 210 厘米

雌性 160 ~ 180 厘米

体重：雄性 150 ~ 225 千克

雌性 120 ~ 190 千克

食物：斑马、长颈鹿、瞪羚（包括角马）

天敌：其他狮子、非洲水牛、鬣（liè）狗

来自人类的威胁：战利品狩猎、偷猎，栖息地的丧失和破碎化

狮子生活在哪里？

狮子过去生活在世界上的很多地方，但是现如今，大部分野生狮子生活在非洲，在印度也能见到一小部分。

消失的家园

21 世纪，狮子生活的地方只有它们过去生活的地方的十分之一大。它们不再居住在非洲北部，而是主要生活在非洲中部和南部。

很久以前，在欧洲和许多亚洲国家，都有狮子生活的踪迹。大概 2 000 年前，生活在欧洲的狮子灭绝了。

非洲以外

印度的吉尔森林国家公园是一小群野生狮子的家。它们差点儿就灭绝了，不过现在据说大约还有600多头狮子生活在这里。

亚洲狮的体形不像非洲狮那么庞大。

狮子的家

非洲狮通常以草地和热带稀树草原为家。有时，它们也生活在森林里，或者有树的灌木丛中。

马赛马拉的狮子们生活在一个有草地、沼泽和沿河生长的森林的地方。

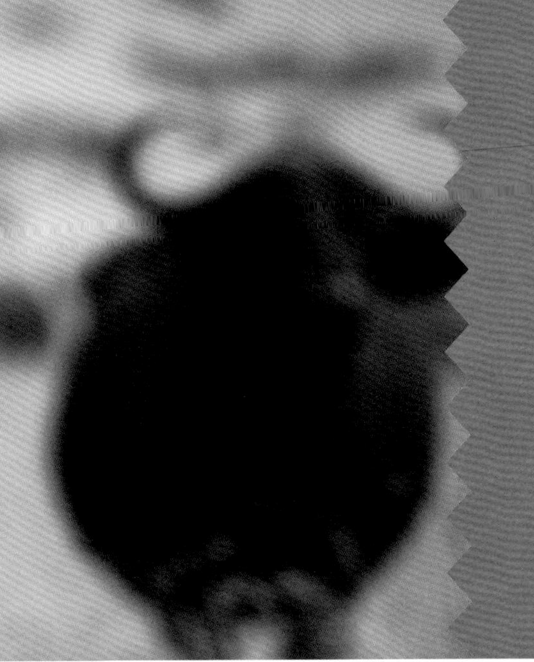

饮食

狮子生活的地方有丰富的食物和水。在极为干旱的地区，科学家们发现它们也会通过吃甜瓜来补充水分。

近距离看一看

狮子是一种与众不同的猫科动物，我们很容易分辨雄狮和雌狮。

雄狮的面部周围环绕着又长又厚的鬃毛，头部、脖子上和胸前也长着厚厚的鬃毛。

雄狮比雌狮大，也比它们重。一头典型的雄狮比两个成年人还重。

一开始，狮子幼崽的毛皮上长有斑点，这些斑点能很好地将它们伪装起来。

当幼崽渐渐长大，它们身上的大部分斑点就会消失，但在有些成年狮子身上仍会留下淡淡的印迹。

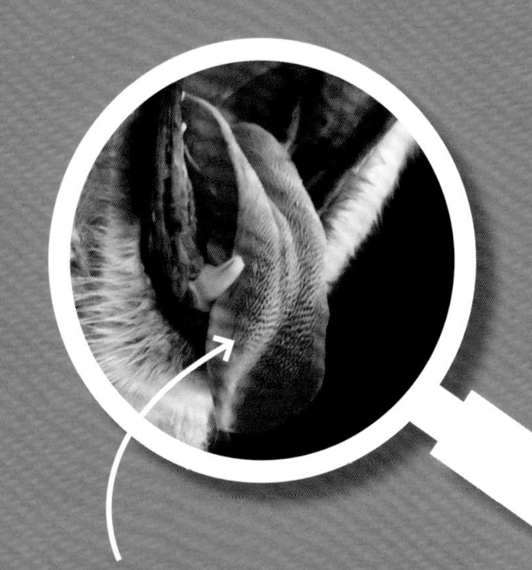

狮子的舌头上覆盖着有尖刺的突起，这些突起叫作“乳突”，能把肉从猎物的骨头上剔下来。

群居生活

大部分猫科动物都是独居动物，只有在照顾幼崽或者需要交配的时候才会一起生活。狮子是唯一的群居猫科动物。

生活在一起的狮子组成狮群。

雌性捕猎者

最年长的雌狮领导整个狮群，年轻一些的雌狮会帮助它。它们承担大部分捕猎任务和照顾幼崽的职责。

一般来说，一个狮群最多有 15 头狮子，但也可以更多。狮群里会有好几头雌狮（一般是亲姐妹、表姐妹或堂姐妹），两头到四头雄狮和若干小狮子。

雄狮的生活

成年雄狮的主要工作就是保护它们的狮群。

它们也在狮群的领地上巡逻、捕猎、进食、睡觉、交配。它们把尿液或者粪便蹭到领地边界的灌木丛上或树上，从而留下自己的气味。

狮子靠大声吼叫来把其他狮群赶跑。

交流

对狮子来说，抚触是非常重要的，它们通过互相蹂蹭来传递气味信息和建立家庭纽带。

狮子以狮吼闻名。整个狮群通常会一起吼叫，就连最年幼的狮子也会跟着咆哮。“群吼”可以持续 40 秒，8 千米外都能听到。

照顾幼崽

雌狮一次能生不止一只幼崽。一开始，幼崽看不见周围的东西，非常弱小无助，因此狮妈妈会把它们藏起来。

一窝幼崽一般有一只到六只，其中两只到四只最常见。

扫码看视频

搬来搬去

为了保护幼崽的安全，狮妈妈会把它们从一个地方搬到另外一个地方。狮妈妈会把幼崽叼在嘴里，但这样做并不会伤害它们。

狮子幼崽喝自己妈妈的乳汁。但如果幼崽真的饿坏了，那么任何有幼崽的雌狮都会把自己的乳汁分享给它们。

如果一只幼崽不是自己的宝宝，那么雄狮可能会杀死这只幼崽。

刚开始雌狮会独自抚养幼崽，直到幼崽几周大才让雄狮见到它们。

成长中的狮子幼崽会花很多时间来玩耍，这会让它们学会怎么捕猎和打斗。

强大的力量

像狮子这样的捕食者需要灵敏的感官。狮子靠眼睛、耳朵和鼻子来追踪它们的猎物，并对入侵者保持警惕。

猫眼

狮子有着大大的眼睛，眼睛里有圆形的瞳孔，能让充足的光线进入眼中。它们时常在黑暗中捕猎，在夜里，它们的视力比人类好六倍。

狮子的耳朵可以朝不同的方向转动，能听到来自四面八方的声音。它们能听到 1 千米外的猎物发出的声音。

狮子的奔跑速度最快可以达到每小时 60 千米，但保持不了太久。

狮子的胡须异常敏感，即使在黑暗中，也能让狮子感知到周围的一切。

捕猎和睡眠

狮子是食肉动物。要想获得必需的营养物质，它们就得吃肉。它们可以抓住比自己还大的动物，特别是在结对或者成群出击的时候。

狮子会捕捉瞪羚、角马、斑马、水牛、疣（yóu）猪，以及狒狒和其他体形更小的猴子。

扫码看视频

悄然潜行

有的捕食者，比如鬣狗和猎豹，会追赶它们的猎物。但狮子更偏向于先对一群动物进行观察，然后选择年幼体弱的个体发起攻击。突袭之前，它们会先潜行，再逐渐接近猎物。

多数捕猎行动都以失败告终，能好好吃上一顿的概率不到 1/3。

偷取食物

狮子也不总是靠捕猎来获得食物，它们很乐意偷走其他动物的猎物。

狮子一天可以睡 20 个小时！

狮子大多在夜间行动，这意味着它们在夜里捕猎。白天，它们会尽量躲在树荫下呼呼大睡，一睡就是好几个小时。

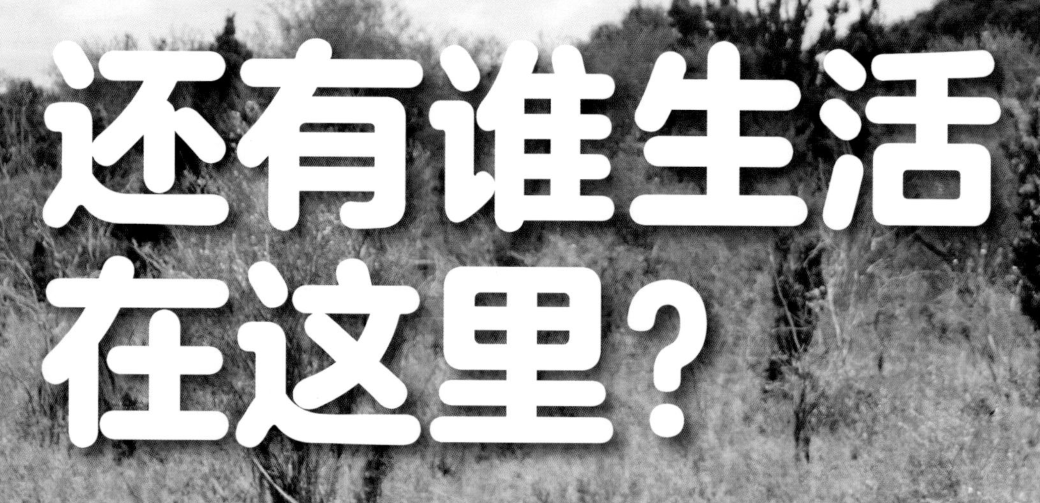

还有谁生活在这里？

非洲以野生动物闻名。各种各样的动物，无论大小，都跟狮子住在同一个地方。

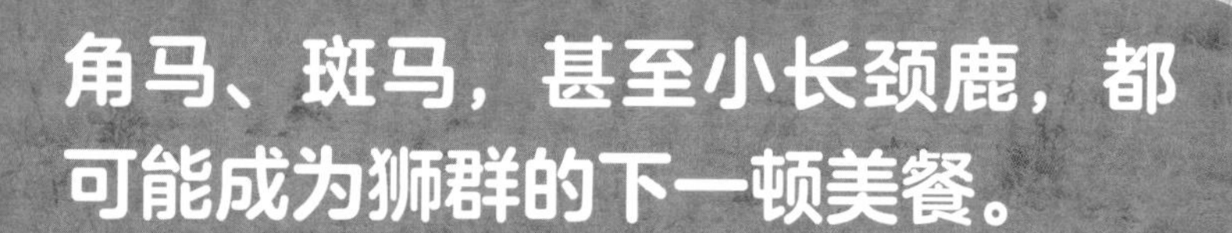

角马、斑马，甚至小长颈鹿，都可能成为狮群的下一顿美餐。

河岸上到处是饥饿的尼罗鳄，它们在阳光下晒得暖洋洋的。

小狮子也会捕捉条纹獴，但很快它们便会发现这些家伙的味道不怎么样。

一群狮子能够抵抗大多数袭击，但一头狮子，尤其是小狮子，如果单独行动，就必须小心。

新到手的猎物会吸引来鬣狗群，它们会想办法从狮子那里偷走战利品。

群体进攻

鬣狗是狮子的致命敌人。它们成群捕猎，对一头单独行动的狮子来说，可能会是个大麻烦。它们会把狮子团团围住，咬它的臀部和后腿，直到狮子累得再也没有力气反抗。

竞争

非洲水牛群也可能成为一种危险，特别是对有幼崽的雌狮来说，非洲水牛会跟踪它们，试图把小狮子踩死。

小狮子也应该远离体积庞大、性格凶猛的动物，比如河马和犀牛。这些动物巨大的牙齿或角会对小狮子造成严重的伤害。

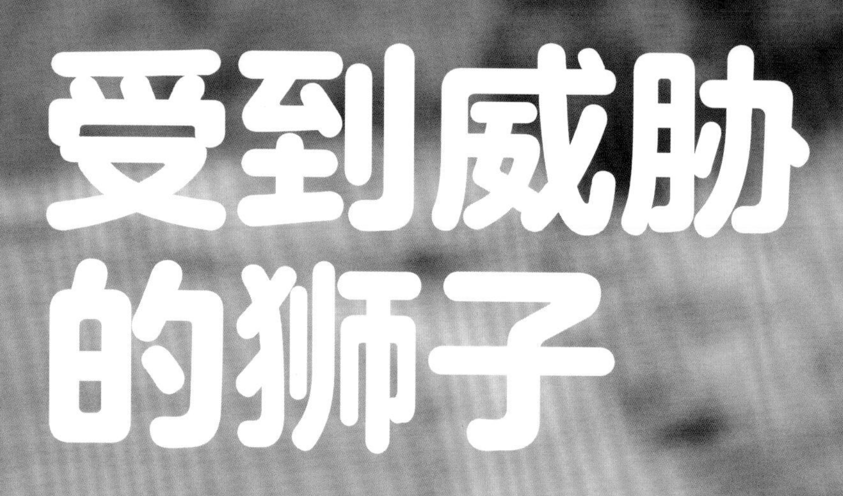

受到威胁的狮子

狮子曾经是地球上常见的大型哺乳动物。如今，狮子的数量急剧下降，我们只能在少数几个国家发现它们的踪迹。

1950 年，野生狮子大约有 40 万头。现在，科学家担心剩下的野生狮子只有不到 2.3 万头了。

这头小狮子已经中毒了。

失去土地

狮子需要大面积的活动空间，这样才能捕猎、繁殖和建立新的狮群。这些年来，人类为了扩大耕地面积和建造房屋，清除了大片草原。猎物更少了，活动空间也更小了。

狮群最大的威胁之一是养牛业。人们需要保护他们的牛，因此常常扔下有毒的肉，狮子吃了以后会中毒而死。

人们猎杀狮子，以获取狮子的肉、漂亮的毛皮，并将其用于制作违禁药品。

电视明星

跟踪狮群是一项艰难的工作。英国广播公司的摄制人员每天都要花好几个小时来拍摄。在狮子们休息的时候，工作人员还得继续工作，他们会把拍摄到的素材下载保存，并为下一次拍摄做好准备。

工作人员搭乘的车辆常常会被卡住，幸运的是，这样的情况没发生在离狮子很近的时候。有时候，狮子会来到离车辆非常近的地方，阳光太强的时候，它们喜欢躺在吉普车投下的阴影里。

懒惰的狮子

工作人员花了 420 天来拍摄《王朝》系列节目中狮子这一集，但狮子们醒着的时候算起来只有 90 天左右。对工作人员来说，不幸的是，狮子每天只有四五个小时的活动时间，还常常是在夜里。

视线高度

卡车侧面安装的特殊平台能让摄影师从和狮子视线平行的低处拍摄。这意味着他们可以近距离观察这些大型猫科动物。

在野外向导的帮助下，工作人员得以寻找和跟踪狮群。他们成了辨别狮子的专家，可以根据胡须点的图案来辨别每一头狮子。

考考你自己

把书倒过来，
就能找到答案！

看看你学到多少有关狮子和它的家乡的知识。

1

谁主要负责捕猎，雄狮还是雌狮？

2

狮子的尾尖上有什么？

A. 一个白色的绒毛团

B. 一个带竖纹的绒毛球

C. 一团蓬松的深色绒毛

3

判断正误

狮子是群居生活的猫科动物中的一种。

4

狮子通过什么方式来传递气味信息和建立家庭纽带？

5

狮子的瞳孔是什么形状的？

A. 圆形

B. 裂缝形

C. 新月形

6

除了非洲国家，还有哪个国家有生活在野外的狮子？

7

科学家见过狮子吃哪种水果？

8

哪一种群猎动物给狮子带来的麻烦最大？

答案：1. 雄狮　2. C　3. 错误（狮子是唯一的群居猫科动物）　4. 抚触，互相蹭蹭
5.A　6. 印度　7. 甜瓜　8. 鬣狗

名词解释

栖息地　动物生存、繁衍的地方。

热带稀树草原　位于干旱季节较长的热带地区，以旱生草本植物为主，零星分布着旱生乔木、灌木的植被。

食肉动物　主要以肉为食物的动物。

瞳孔　眼睛虹膜中心的圆孔，光线通过瞳孔进入眼内。

易危　世界自然保护联盟（IUCN）《受胁物种红色名录》标准中一个保护现状分类，指一个物种未达到极危或者濒危标准，但是在未来一段时间后，其野生种群面临灭绝的概率较高。

战利品狩猎　专门为了猎物的战利品价值（通常是成年雄性的犄角，偶尔是毛皮或整个躯体），而不是为了获得食物而猎杀动物。